浙江省科协特色优质科普图书资助项目　　　　　"浙电科普＋"系列图书

U0158814

—— 电小知科普馆 -

小电池 大能量

浙江省电力学会　　国网浙江省电力有限公司　　组编

中国电力出版社
CHINA ELECTRIC POWER PRESS

院士寄语

亲爱的小读者：

非常荣幸向你们推荐《电小知科普馆》，这是一套向喜欢探索科学知识的小朋友们介绍电力能源知识的丛书。

电是一种自然现象，很早就为人类所发现。闪电就是人们最早发现的电。近代，科学家们根据电与磁的关系，发现了电的本质，揭开了电的奥秘，并通过不懈努力，最终实现了电的应用，带领人类进入了电气化时代。

《电小知科普馆》丛书以图文并茂、浅显易懂的方式将科学知识娓娓道来，帮助小朋友们学习了解生活中无处不在的电力知识。在首次出版的五册书中，明明一家跟随"电小知"乘坐时光机，回顾电的产生和发展历程，通过"医治"生病电器学会安全使用家用电器，了解外出游玩时要注意的用电安全风险，并通过参观能源商店认识了各种电池的神奇功能，踏上余村电力之旅，到最美乡村领略新时代电力发展。

电力带来光明，点亮生活，也催生了现代文明。展望未来，人类将继续推进对电的探索和应用。希望你们在"电小知"的带领下，一起揭开电力的神秘面纱，发现更多电力的奥秘与乐趣！

祝你们阅读愉快！

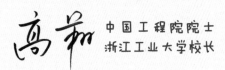

中国工程院院士
浙江工业大学校长

嗨！！！

我是电小知，

是来自未来的智能机器人。

我拥有聪明的大脑和环保的外壳，

喜欢科学，喜欢探索关于电的一切。

我们一家住在美丽的浙江杭州，

欢迎大家和我们一起开启奇妙的

电力之旅。

爸爸
39岁

成熟稳重、有责
任心的男士

妈妈
38岁

温柔善良的女士

明明
13岁

热衷于探索世界、喜欢
钻研问题的男孩子

靓靓
8岁

活泼可爱、聪明
伶俐的小女孩

周末的一天，电小知陪着明明和靓靓在外婆
家中的院子里打篮球。

嬉闹间，篮球忽然向电小知飞了过去。
电小知张开双手，却没有接住球，
球正好击中了电小知的电池仓。

电小知低头一看，电池竟然闪烁着红光，它说："糟糕！
电池出问题了，我得去换块电池。"

妈妈说："哎呀，小知的备用电池忘带了，你们带着小知去能源商店，买一块新电池换上吧！"

于是，明明和靓靓陪着电小知一同向能源商店出发。

能源商店摆满了各种各样的能源商品。
他们来到了电池货架前，货架上的电池都活跃了起来。

电小知指着其中一个圆柱形的电池说："你是碱性锌锰干电池吧？"

小电池说道："是的，我是干电池中最棒的，而且无毒无害，用完后可以直接丢入垃圾桶，也不用担心污染环境。"

明明说："我知道，现在的闹钟、门铃、遥控器、玩具用的都是它。"

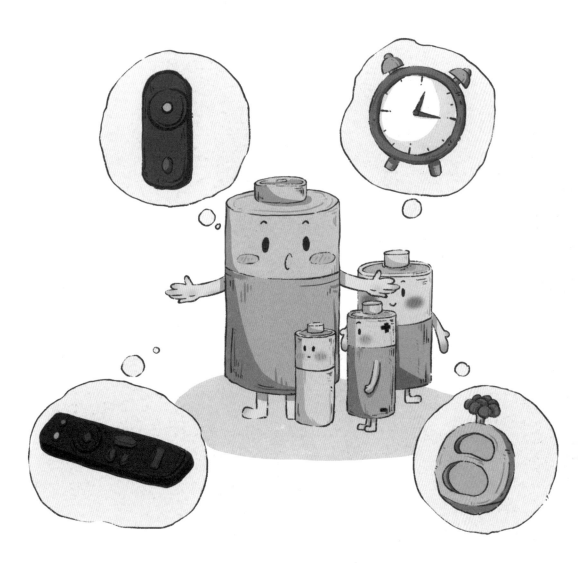

靓靓指着边上长得差不多的电池问道："你也是锌锰干电池吗？"

"不，我是镍氢电池。"镍氢电池回答。

电小知说："这款电池的放电性能好，即使在高、低温的情况下也能很好地工作，而且它还很安全，即使过充、过放，也不会造成危险，可以在家用电器、后备电源、电动工具、充电玩具、照明系统等好多领域使用呢！"

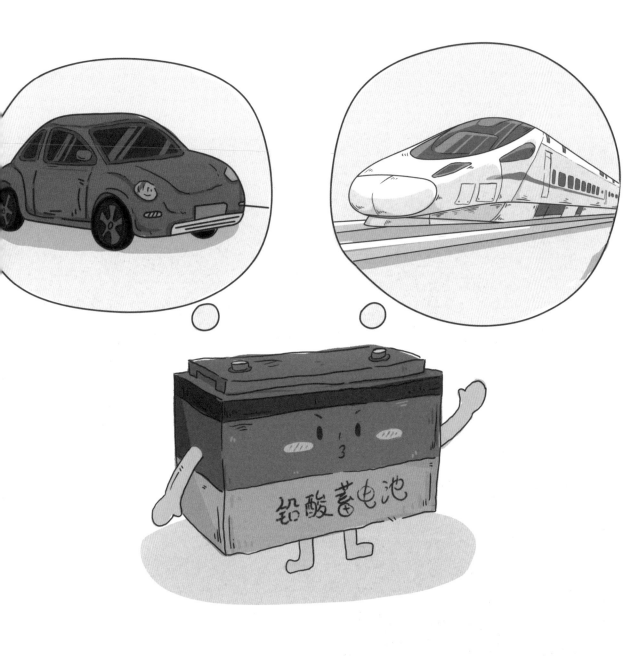

这时，靓靓又将目光转向了一个大块头，问道："你是什么电池呀？"
大块头清清嗓子说："我是成熟稳重的铅酸蓄电池，是市面上使用最广泛
的电池，而且我性能稳定、可靠，价格便宜。"
电小知说："是的，它在交通运输上有着巨大的贡献，火车、汽车都需要
它！"

货架最上层的电池喊了起来："看看我们，我们可是太阳能电池，也有人叫我们太阳能光伏电池。"

左边的一卷电池说道："我是用光电半导体薄片做的，可以把太阳能直接转化成电能。而且，我是采用柔性材料加工制成的，能像披风一样挂在你身上，别提有多帅气了！"

靓靓继续在货架上翻找。

这时一旁的电池不停地喊着："选我，选我！我是锂离子电池，我小小的身体能放出大大的能量，把我做成的电池组装到车上呀，跑得可远了！而且，现在的手机、电脑这些数码产品都离不开我！"

这时，靓靓发现了一个特别的货架。

正中一个黄色的小电池耸耸肩说："我是核能电池，也叫放射性同位素温差电池。我身体里的放射性同位素能够不断释放出热能射线，通过身上的换能器，就能源源不断地提供电能。"

明明感叹道："真是不可思议，还有这么厉害的电池！"

核能电池接着说："说出来怕你不信，就我这点小身板，可以连续输出两百年的电能。宇宙空间站、人造卫星上也都有我的身影。"

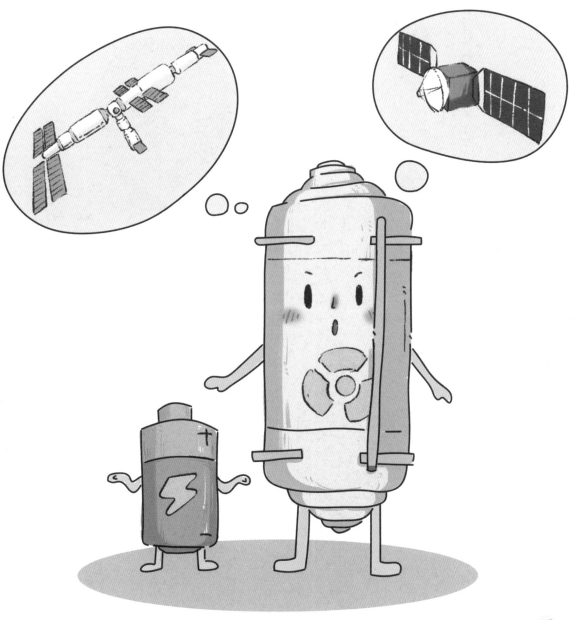

电小知不知不觉走到一个悬浮在半空中的货架，指着架子上的电池说："我觉得就是它。"

展台上的电池说："是的，是的，就是我！我是零排放、无噪声的完美能源！"

电小知说："嗯，就是你了。"

于是，明明为电小知换上新电池，电小知瞬间充满能量。

回家之后，明明把今天了解到的电池知识一一记录了下来。
他不禁感叹：各种电池的发明给人类文明发展和科技进步
带来了巨大的贡献，小小的电池里蕴藏着大大的能量！

第一章 电池的发展史

电池是将电能转化成化学能并进行存储的装置。电池储能技术经历了漫长的发展历程，至今仍在不断突破。

伏打电池堆问世 ——— 19 世纪初

1859 ——— 首款可充电电池 **铅酸蓄电池**问世

镍铁电池问世，爱迪生（Thomas Edison）将其用在电动车上 ——— 1903

1981 ——— 索尼公司发明了首款商业化、可稳定充电的**锂离子电池**

镍氢电池用于移动电话和可携带的电子设备中 ——— 1989

2010 ——— 用于智能卡片和医疗器械的**薄膜电池**问世

可弯曲、折叠和拉伸的轻质材料制成的**薄型柔性电池**即将进入市场 ——— 2023

第二章 常见电池分类

第一节 按工作性质和电能储存方式划分

一次电池

一次电池（又称干电池）属于化学电源中的原电池，是一种一次性电池。因为这种化学电源装置的电解质是一种不能流动的糊状物，所以叫作干电池。干电池不仅适用于手电筒、半导体收音机、收录机、照相机、电子钟、玩具等，也适用于国防、科研、电信、航海、航空、医学等领域，应用十分广泛。

二次电池

二次电池（又称充电电池或蓄电池）是指在电池放电后可通过充电的方式使活性物质激活而继续使用的电池。二次电池一样是经过化学能转换成电能，但可以借由充电方式，将电能重新转化成化学能，让电池可以再次使用，而使用的次数与材料和设计有关。二次电池包括铅酸（或铅蓄）电池、锂离子电池等。二次电池主要应用在交通运输、能源储备、电子设备等领域。

燃料电池

燃料电池是将燃料与氧化剂的化学能通过电化学反应直接转换成电能的发电装置。燃料电池用燃料和氧气作为原料，没有机械传动部件，排放出的有害气体极少，使用寿命长。燃料电池已广泛应用于汽车工业、能源发电、船舶工业、航空航天、家用电源等多个行业。

第二节 按电解液种类划分

碱性电池

碱性电池是我们最常用的干电池类型，也是目前商品化的锌锰电池系列中性能最优的品种。碱性电池的电解质主要以氢氧化钾水溶液为主，目前碱性电池的生产工艺不含汞，所以可以和一般的生活垃圾一同回收处理。

酸性电池

酸性电池主要以硫酸等酸性水溶液为电解质，酸性电池最典型的代表就是铅酸蓄电池。

中性电池

中性电池是以盐溶液为电解质，如锌－二氧化锰干电池（碳性电池）、海水激活电池等。

有机电解液电池

有机电解液电池主要以有机溶液为电解质，最常见的是现在大部分手机都在使用的锂电池。

第三章 废旧电池处理

干电池有"毒"吗?

　　大多数的电池都是有害垃圾,如纽扣电池、镍镉电池、铅酸电池等。早期的干电池中因含有汞,一旦泄漏,对人体和环境都会产生危害。2002年起国家就禁止了含汞(汞含量大于电池重量0.025%)电池的生产和销售。目前被广泛使用的5号、7号碱性锌锰干电池的含汞量已小于电池重量的0.0001%,可以和其他生活垃圾一起,直接扔进垃圾桶。

● 含有中国环境标识的电池可以直接扔进垃圾桶。

关于废旧电池处理的建议

① 尽量选择可充电的电池,比如镍氢电池、锂电池等,可以减少废旧电池的产生。

② 使用完电池后,可配合政府或社区的回收利用项目,把旧电池送到指定的收集点回收处理。不要随意扔弃,避免污染环境。

③ 对于一些含铅等有毒有害金属的电池,处理时要特别小心。最好交给有专业资质的公司处理,不要自行拆解。

④ 废旧电池要分门别类存放,有利于后期的回收利用。

⑤ 尽量选择环保无汞或低汞电池,用完后可以减少污染。

⑥ 市面上也有一些废旧电池回收站或箱,可以选择放入这些专用的回收箱。

《电小知科普馆》编委会
（1-5 册）

主　编　杨玉强

副主编　冯志宏　张彩友

编　委　胡若云　黄陆明　吴侃侃　李林霞

　　　　马　明　黄　翔　张　维　林　刚

第四册《小电池 大能量》编写组

文　字　吴侃侃　黄　翔　胡恩亮　蒋　颖

　　　　王科涵　毛建平　沈思涵　王剑波

绘　画　张　鹏　孙　婷　温海鸥　邹雨诺

图书在版编目（CIP）数据

小电池大能量 / 浙江省电力学会，国网浙江省电力有限公司组编. — 北京：中国电力出版社，2023.12（2024.8重印）

（电小知科普馆）

ISBN 978-7-5198-8441-3

Ⅰ．①小… Ⅱ．①浙… ②国… Ⅲ．①电池—儿童读物 Ⅳ．①TM911-49

中国国家版本馆CIP数据核字（2023）第238658号

出版发行：中国电力出版社

地　　址：北京市东城区北京站西街 19 号（邮政编码 100005）

网　　址：http://www.cepp.sgcc.com.cn

责任编辑：张运东　王蔓莉（010-63412791）

责任校对：黄　蓓　常燕昆

装帧设计：张俊霞

责任印制：石　雷

印　　刷：北京九天鸿程印刷有限责任公司

版　　次：2023 年 12 月第一版

印　　次：2024 年 8 月北京第三次印刷

开　　本：787 毫米 ×1092 毫米　16 开本

印　　张：2.25

字　　数：16 千字

印　　数：8001—10500 册

定　　价：15.00 元
